AF614323

Die in den Sitzungsberichten Abtlg. I und Abtlg. II a der math.-nat. Klasse der Österr. Ak. d. Wiss. erscheinenden Abhandlungen werden auch einzeln abgegeben. Sie können durch jede Buchhandlung oder direkt durch die Auslieferungsstelle der Österreichischen Akademie der Wissenschaften (Wien I, Singerstraße 12) bezogen werden.

Nachfolgende Abhandlungen aus dem Fach der Zoologie sind erschienen:

1952 (S I Bd. 161):

Böhm L. K., w. M., und Supperer R.: Die Mondblindheit der Einhufer, verursacht durch die Mikrofilarien von Onchocerca reticulata Diesing (mit 4 Textabbildungen und 1 Tafel), 8 Seiten. S 4.50

Hemsen J.: Ergebnisse der Österreichischen Iran-Expedition 1949/50: Cladoceren und freilebende Copepoden der Kleingewässer und des Kaspisees (mit 72 Textabbildungen), 59 Seiten. S 28.10

Kuchar K. W.: Bakteriologische Beobachtungen an zwei Hochgebirgstümpeln der Kitzbühler Alpen (Tirol), 14 Seiten. S 6.80

Pesta O., k. M.: Beobachtungen über die Entomostrakenfauna der Tümpel auf der Gerlosplatte (1640 m ü. d. Meer), 4 Seiten. S 2.40

Pesta O., k. M.: Biologische Beobachtungen an einigen Hochgebirgstümpeln der Kitzbühler Alpen (Tirol) (mit 1 Tafel und 1 Textabbildung), 3 Seiten. S 6.10

Roewer C. Fr.: Die Solifugen und Opilioniden der Österreichischen Iran-Expedition 1949/50 (mit 2 Textabbildungen), 7 Seiten. S 3.20

1953 (S I Bd. 162):

Böhm L. K., w. M., und Supperer R.: Beobachtungen über eine neue Filarie (Nematode), Wehrdikmansia rugosicauda Böhm & Supperer 1953, aus dem subkutanen Bindegewebe des Rehes (mit 6 Textabbildungen). S 6.40

Brehm V.: Notizen zur Süßwasser-Mikrofauna von Borneo und Cebu (Philippinen) (mit 4 Textabbildungen). S 3.30

Brehm V.: Pseudoboeckella remotissima n. sp., die erste Pseudoboeckella aus dem australischen Sektor der Antarktis (mit 6 Textabbildungen). S 4.50

Nemenz H.: Ergebnisse der Österreichischen Iran-Expedition 1949/50. Ixodidae. S 1.40

Ochs G.: Ergebnisse der Österreichischen Iran-Expedition 1949/50. Gyrinidae (Coleoptera). S 4.80

Ratzenhofer M.: Studien über die Gewichtsveränderungen bei der Entwicklung des Großen Kohlweißlings (mit 3 Textabbildungen) S 9.10

Ruttner-Kolisko Agnes: Psammonstudien I. Das Psammon des Torneträsk in Schwedisch-Lappland (mit 4 Textabbildungen und 2 Tafeln). S 20.90

Stundl K.: Der Gleinkersee bei Windischgarsten, Oberösterreich. S 3.20

Wettstein O.: Herpetologia aegaea (mit 2 Karten, 1 farbigen und 7 schwarzen Tafeln). S 122.—

Willmann C.: Neue Milben aus den östlichen Alpen (mit 52 Textabbildungen). S 35.40

1954 (S I Bd. 163):

Beier M.: Zoologische Studien in West-Griechenland, I. Teil (mit 1 Kartenskizze und 3 Tafeln), 10 Seiten. S 9.—

Beier M.: Zoologische Studien in West-Griechenland, II. Teil: Süßwasser-Isopoden. Bearbeitet von Hans Strouhal (mit 25 Textabbildungen), 34 Seiten. S 20.30

Beier M.: Zoologische Studien in West-Griechenland, III. Teil: Orthopteroida. Bearbeitet von R. Ebner, Wien (mit 6 Textabbildungen), 10 Seiten. S 6.70

Beier M.: Zoologische Studien in West-Griechenland, IV. Teil: Isopoda terrestria, I.: Ligiidae, Trichoniscidae, Oniscidae, Porcellionidae, Squamiferidae. Bearbeitet von Hans Strouhal, Wien (mit 52 Textabbildungen), 43 Seiten. S 20.20

Brehm V.: Pseudodiaptomus batillipes spec. nov., ein zweiter Pseudodiaptomus aus Madagaskar (mit 4 Textabbildungen), 5 Seiten. S 3.10

Jakob H.: Die Ergebnisse der Österreichischen Iran-Expedition 1949/50. Coleoptera III. Teil, 5 Seiten. S 2.50

Janetschek H.: Ein neues inneralpines Nunatarelikt aus einer für die Alpen neuen Gattung (Ins., Thysanura) (mit 12 Textabbildungen), 8 Seiten. S 5.20

Petrovitz R.: Die Ergebnisse der Österreichischen Iran-Expedition 1949/50. Coleoptera IV. Teil. Scarabaeidae (mit 2 Textabbildungen), 15 Seiten. S 7.30

Ruttner-Kolisko Agnes: Psammonstudien II. Das Psammon des Erken in Mittelschweden (mit 4 Textabbildungen und 1 Tafel), 24 Seiten. S 18.90

Schmidt E.: Die Ergebnisse der Österreichischen Iran-Expedition 1949/50. Die Libellen Irans (mit 2 Textabbildungen und 1 Karte), 38 Seiten. S 25.—

Wawrik Friederike: Limnologische Studien an Hochgebirgs-Kleingewässern im Arlberggebiet I (mit 5 Textabbildungen und 2 Tafeln), 20 Seiten. S 14.80

ISBN 978-3-662-24202-5 ISBN 978-3-662-26315-0 (eBook)
DOI 10.1007/978-3-662-26315-0

Die Bryozoen der Retzer Sande

Von Othmar Kühn
(Paläontologisches Institut der Universität, Wien)

Mit 2 Tafeln.

(Vorgelegt in der Sitzung am 7. März 1955)

I. Ein neuer Bryozoenfundort.

Die Retzer Sande sind seit fast hundert Jahren, aber nur wenig bekannt. E. Suess[1] hat sie auf Grund einiger weniger Muscheln und unbestimmter Echiniden mit den höheren Horizonten der Eggenburger Schichten verglichen. Genauer beschrieben hat sie H. Vetters[2], der auch nur einige Mollusken und unbestimmte Balanen aus Ober-Nalb anführte. Erst 1954 begann Dr. A. Bernhauser eine eingehende Untersuchung dieser Vorkommen, eines bei Unter-Nalb, SW von Retz, eines bei Ober-Nalb, zwischen Retz und Markersdorf, und eines dritten bei Pillersdorf, WSW Retz, knapp vor Schrattenthal. Außer Mollusken, Balaniden, Echinidenresten und Foraminiferen fand Dr. Bernhauser aber auch Bryozoen, wenn auch größtenteils nur in unbestimmbaren Bruchstücken, vielfach zu feinem Grus zerrieben. Nur ein kleiner Teil war bestimmungsfähig.

Bryozoen sind aus dem österreichischen Burdigal überhaupt wenig bekannt. In seiner ersten Bearbeitung der österreichisch-ungarischen Bryozoenfaunen kannte Reuss 1847 überhaupt keine Bryozoen des Burdigals. E. Suess führte[3] von Burgschleinitz *Lepralia monoceros* und *Cupularia haidingeri*, von Ober-Dürnbach[4] *Cellepora globularis*, *Vaginopora polystigma*, *Eschara polystomella*, *Idmonea cancellata* und *distincta*, von Maißau[5] *Membranipora fenestrata*, *Cricopora pulchella*, *Hornera hippolithus*, *Eschara poly-*

[1] 1866, S. 21.
[2] 1918, S. 463.
[3] 1866, S. 16, nach Bestimmungen F. Stoliczkas; Namen in damaliger Schreibweise, weil z. T. bis heute nicht revidiert.
[4] 1866, S. 21.
[5] 1866, S. 23.

stomella, von Meisselsdorf[6] *Lepralia scripta* und *Eschara papillosa* an. Alle diese Angaben erfolgten ohne Beschreibung oder Abbildung, die Belege sind nicht mehr zu finden, sie wurden auch von Reuss und Manzoni nicht berücksichtigt. Denn später erwähnt Reuss[7] nur von Maißau seine *Lepralia rarepunctata*, Manzoni von Zogelsdorf[8] *Myriozoum punctatum*, von Ober-Dürnbach[9] *Idmonea carinata* und von Maißau[10] *Idmonea foraminosa* und[11] *Fungella multifida*. Eine spätere Revision[12] erbrachte aus den Eggenburger Schichten bloß 22 Arten, nämlich *Membranipora* cf. *laxa* (Rss.) C. B., *Conopeum lacroixi* (Busk) C. B., *Biflustra savartii texturata* (Rss.) C. B., *Onychocella angulosa* (Rss.) Neviani, *Steraechmella hippocrepis* (Rss.)[13], *Cribrilina radiata scripta* (Rss.) C. B., *Lepralina auriculata* (Rss.) Kühn, *Schizoporella geminipora* (Rss.) Pergens, *Aimulosia glabra* Kühn, *Sertella gigantea* Kühn, *Trigonopora monilifera* (M. Edw.)[14], *Holoporella albirostris* (Smitt) Osburn, *H. polythele* (Rss.) C. B., *Schismopora coronopus* (Wood), *S. krahuletzi* Kühn, *Myriapora truncata* Pallas, *Ceriopora chaetetoides* Kühn, *Oncousoecia varians* (Rss.) C., *Lichenopora prolifera* (Rss.) Neviani, *Tretocycloecia dichotoma* (Rss.) C., *T. lithothamnioides* Kühn, *Multicavea crassa* Kühn[15].

Diese Liste umfaßt sicher nicht den ganzen Bryozoenbestand der Eggenburger Schichten. Bei der Bearbeitung zeigte sich, daß in den großen Sammlungen cyclostome Bryozoen überhaupt fehlten und cheilostome vielfach von den Muscheln, auf denen sie saßen, abgekratzt waren; sie interessierten die damaligen Sammler nicht. Die Arbeit mußte aber auf Grund des vorhandenen Materials in kurzer Zeit für das Schlußheft der Eggenburger Monographie von F. X. Schaffer fertiggestellt werden. Die Bearbeitung eigener Aufsammlungen und einer umfangreichen Fauna der schwäbischen oberen Meeresmolasse wird erst eine Beurteilung der euro-

6 1866, S. 24.
7 1874, S. 175.
8 1877, II. S. 71.
9 1877. III. S. 5.
10 1877, III. S. 7.
11 1877, III. S. 17.
12 Kühn 1925.
13 Ob diese Art zu *Steraechmella buski* nov. gen. nov. spec. Lagaij 1952, S. 39, oder zu *Gargantua hippocrepsis* Dartevelle 1952, S. 184, gehört, kann nur durch Autopsie der Typen entschieden werden; die Abbildungen sind zu schlecht. Nach Canu & Bassler 1920, S. 230, und Voigt 1930, S. 380, kommt *Aechmella* (= *Gargantua*) *bidens* nur in der Kreide vor.
14 Statt *Metrarabdotos* Canu 1914 tritt *Trigonopora* Maplestone 1902.
15 Statt *Ascosoecia* Canu 1919 tritt *Multicavea* D'Orbigny 1853.

päischen burdigalen Bryozoenfauna ermöglichen. Erst dann wird sich zeigen, ob es eine kennzeichnende Bryozoenfauna des Burdigals überhaupt gibt oder ob diese im Miozän und Pliozän fast einheitlich bleibt, wie man nach den früheren Arbeiten annehmen müßte. Reuss führt ja in der miozänen Bryozoenfauna viele kretazische und rezente Arten an, aber auch Canu & Bassler behalten noch eine ansehnliche Anzahl bei. Canu & Lecointre[16] betrachten die Bryozoenfauna der Faluns als jene eines wenig südlicheren Mittelmeeres, etwa zwischen den Küsten von Marokko, der Kanaren und von Madeira. Das steht im Widerspruche zu den Ergebnissen an Mollusken und Korallen. Voigt hat auch darauf hingewiesen, daß die hochspezialisierten Bryozoengruppen, trotz ihrer Faziesabhängigkeit, eine sehr rasche Entwicklung zeigen, so daß sie innerhalb der Oberkreide zu stratigraphischen Zwecken brauchbar sind[17]. Da die kleinen Bryozoenkolonien und Segmente, wie sich zeigte, in Bohrkernen vorzüglich erhalten sind, können sie auch für erdölgeologische Fragen von Bedeutung werden.

II. Die Bryozoenfauna.

Cyclostomata.

Diaperoecia rugulosa (Manzoni) Canu & Bassler.

1877 (*Pustulopora r.*) Manzoni, III, S. 11, Taf. 10, Fig. 38 (a, c, non b, d?).
1924 Canu & Bassler, S. 686, Taf. 25, Fig. 12 (non 13?).
1928 (*Entalophora r.*) Bobies, S. 25.

Canu & Bassler haben 1924 behauptet, daß Manzoni unter dem Namen *Pustulopora rugulosa* zwei gute Arten beschrieben habe, ohne aber daraus nomenklatorische Folgerungen zu ziehen.

Im Naturhistorischen Museum in Wien wurden keine von Manzoni als *Pustulopora rugulosa* bezeichneten Stücke gefunden. 11 Stücke trugen die Bezeichnung „*Pustulopora*“ und stammen aus Steinabrunn, während Manzoni eine große Zahl von Fundorten angibt. Unter diesen Stücken finden sich beide Formen, bei den dickeren sind tatsächlich auch die Röhren bloß auf kürzere Erstreckung angewachsen und nicht so regelmäßig verteilt wie bei den dünneren, sie tragen auch eine stärkere Querrunzelung. Trotzdem scheinen beide Formen nach den vorkommenden Zwischenformen nur die Endglieder einer Modifikationsreihe mit

[16] Canu & Lecointre 1925, S. 6.
[17] Voigt 1930, S. 379.

korrelierenden Merkmalen zu sein. Doch möchte ich die Frage nach den wenigen Stücken nicht zu entscheiden versuchen.

Die zwei Stücke von Unter-Nalb würden der dünneren Form Canu & Basslers angehören. Die Stämmchen haben Durchmesser von 0,80 bis 1 mm (bei Canu & Bassler 0,80—1,75 mm); die sonstigen Maße, Durchmesser der Röhren 0,20 mm, Länge der Röhren 1—1,2 mm, Peristomdurchmesser 0,16 mm stimmen aber gut überein. Die Röhrchen liegen im größten Teil ihrer Länge dem Stock an, stets zwischen zwei benachbarten Röhrchen und sind nur schwach quergerunzelt. Beide Stämmchen sind gerade und oben nur wenig verdickt, während Canu & Bassler angeben, daß sie gelegentlich blattartig verbreiterte Zoarien bilden und oben dichotom geteilt sind.

Manzoni hat als Fundorte Nußdorf, Niederleis, Garschental, Steinabrunn, Grußbach, Wildon, St. Nicolai, Kostel, Lapugy angegeben. Canu & Bassler fügen Eisenstadt hinzu.

Fundort: Unter-Nalb.

Hornera striata Milne-Edwards.

1952 Lagaaij, S. 170, Taf. 21, Fig. 4a, b. Ibid. Lit. Ferner:
1924 Canu & Bassler, S. 688.
1946 Roger & Buge, 226.
1948 Buge, 74, 79.

Ein gut erhaltenes Bruchstück zeigt deutlich die Zugehörigkeit zu dieser Art und nicht zu *H. frondiculata* Lamouroux, mit der sie oft verwechselt wird. Die Unterschiede sind bei Lagaaij auseinander gesetzt.

Die Art ist aus dem Helvet von Frankreich, aus dem Torton des Wiener Beckens (Eisenstadt und Porzteich), aus dem Pliozän von England, Frankreich und Holland bekannt.

Fundort: Unter-Nalb.

Reteporidea reussi nov. spec.

(Taf. 1, Fig. 3, Taf. 2, Fig. 4).

1847 (*Idmonea cancellata*) Reuss, S. 46, Taf. 5, Fig. 25—27; Taf. 6, Fig. 33a—c.
1877 (*Idmonea cancellata*) Manzoni III, S. 7, Taf. 5, Fig. 18.
1913 (*Idmonea cancellata*) Canu & Bassler, S. 126.
1922 (*Polyascosoecia c.*) Canu & Bassler, S. 126, 128, Fig. 37 E—F.
1924 (*Polyascosoecia c.*) Canu & Bassler, S. 689, Taf. 25, Fig. 2—7.
1928 (*Polyascosoecia c.*) Bobies, S. 26.

Arttypus (hier bestimmt): das Taf. 1, Fig. 3, abgebildete Stück der Coll. Reuss, Naturhistor. Museum, geol.-pal. Abtlg. Inv.-Nr. 1859-I-720 a.

Artdiagnose: bei Canu & Bassler 1924, S. 689.

Locus typicus: Eisenstadt (Torton).

Die Gattung *Polyascosoecia* Canu & Bassler 1920 ist identisch mit *Reteporidea* D'Orbigny 1849, teste Bassler 1935, S. 173. Der Artname Reuss' ist ausdrücklich auf *Retepora cancellata* Goldfuß[18], „Archetypus fossile, e monte St. Petri" bezogen. Canu & Bassler zählen diese Art des Campan, Maestricht und Dan ausdrücklich[19] zu *Polyascosoecia*, nachdem sie vorher S. 126 die Unterschiede zwischen ihr und der Miozänart hervorgehoben hatten. Die miozäne Form muß daher, obwohl die Beschreibungen von Canu & Bassler mit den Originalen Reuss' gut übereinstimmen, einen neuen Namen erhalten.

Meine Exemplare sind, ebenso wie der aus Reuss' Material ausgewählte Typus, im Querschnitt rund; doch finden sich unter den Exemplaren Reuss' auch solche mit eckigem Querschnitt, wie sie etwa Reuss auf Taf. 5, Fig. 25—27, oder Canu & Bassler 1924 auf Taf. 25, Fig. 3, abbilden. Die Faszikel bestehen aus 4 bis 5 Röhren, weiter unten 3, schließlich manchmal nur 2, die Entfernung der Faszikel voneinander beträgt 0,25—0,5 mm, der Durchmesser des Peristoms etwa 0,04 mm. Zwischen den Faszikeln befinden sich 3—4 Reihen von Mesoporen. Das Ovizell ist bei Canu & Bassler 1924, Taf. 25, Fig. 3, gut abgebildet.

Reteporidea reussi gehört zu den häufigsten Bryozoen des österreichischen Tertiärs. Manzoni erwähnt sie von Nußdorf, Niederleis, Grußbach, Kostel, Porzteich, Podjarkow, Eisenstadt, Mörbisch, Rust, Kroisbach, Ehrenhausen, Wildon; Canu & Bassler fügen 1913 Baden, Bobies den Rauchstallbrunngraben bei Baden hinzu. Aus dem Burdigal wurde sie jetzt zum ersten Male gefunden.

Fundort: Unter-Nalb.

Die Gattung Tretocycloecia C. & B.

Schon der Gattungsname hatte ein merkwürdiges Schicksal, indem er 1919, S. 346, als *Tetrocycloecia* aufgestellt, jedoch 1920, S. 826, als „in errore" rektifiziert wurde. Als Gattungstypus war *Heteropora dichotoma* Reuss 1847 angegeben. Reuss bezog seine Art aber ausdrücklich auf *Ceriopora dichotoma* Goldfuss[20], die später von Canu & Bassler als Typus der Gattung *Gramma-*

[18] Petrefacta Germaniae I., S. 103, Taf. 36, Fig. 17 a, b.
[19] 1922, S. 128.
[20] 1827, S. 34, Taf. 10, Fig. 9 a—e, non f.

scosoecia aufgestellt wurde[21]. Als Typus von *Tretocycloecia* verbleibt demnach nur die Form Reuss' aus dem Miozän des Wiener Beckens. Canu & Bassler sagen aber 1920, S. 108, ausdrücklich, daß ihnen keine österreichischen Formen vorlagen, daß sie nur Exemplare aus dem französischen Helvet beschreiben. Ich mußte daher zunächst die Identität des Arttypus mit der Form von Canu & Bassler untersuchen.

a) *Tretocycloecia dichotoma* (Reuss) Canu & Bassler (Taf. 1, Fig. 1).

1847 (*Heteropora dichotoma* non Goldfuß) Reuss, S. 35, Taf. 5, Fig. 20a—b.
1877 (*Heteropora dichotoma* non Goldfuss) Manzoni III, S. 19, Taf. 12, Fig. 46.

Arttypus (Lectotypus, hier bestimmt): das abgebildete Stück, wahrscheinlich Original zu Reuss 1847, Taf. 5, Fig. 20 (1 Ast abgebrochen). Naturhistor. Museum Wien, geol.-pal. Abtlg., Inv.-Nr. 1859-L-686 a.

Locus typicus: Eisenstadt, Torton.
Durchmesser der Stämmchen: 2 mm,
Durchmesser der Aperturen: 0,1 mm,
Durchmesser der Mesoporen: 0,025 mm,
Zahl der Aperturen auf 1 mm²: 20,
Zahl der Mesoporen zwischen 4 Aperturen: 4—6.

Die Zoarien sind durchwegs einfach gegabelt. Die Aperturen sind im Gegensatze zu der Beschreibung von Canu & Bassler nie in konzentrischen Kreisen angeordnet, sondern in der Regel in Reihen, die schräg um die Stämmchen laufen.

Die Art wurde von Reuss und Manzoni von Niederleis, Eisenstadt und Forchtenau beschrieben.

b) *Tretocycloecia helvetica* nov. spec.

1919 (*T. dichotoma* non Goldfuss, non Reuss) Canu & Bassler, S. 346.
1920 (*T. dichotoma* non Goldfuss, non Reuss) Canu & Bassler, S. 108, Abb. 31 A, B.

[21] 1922, S. 119, Abs. 35 A—D.

Erklärung zu nebenstehender Tafel 1

Fig. 1. *Tretocycloecia dichotoma* Reuss. Arttypus. Eisenstadt, Torton. 20 × vergr. Fig. 2. *Tretocycloecia distincta* nov. spec. Arttypus. Unter-Nalb, Burdigal. 20 × vergr. Fig. 3. *Reteporidea reussi* Kuehn. Arttypus. Eisenstadt, Torton. 20 × vergr.

Phot. Fig. 1, 2, 3: H. Schwertner, Firma Bors & Müller, Wien.

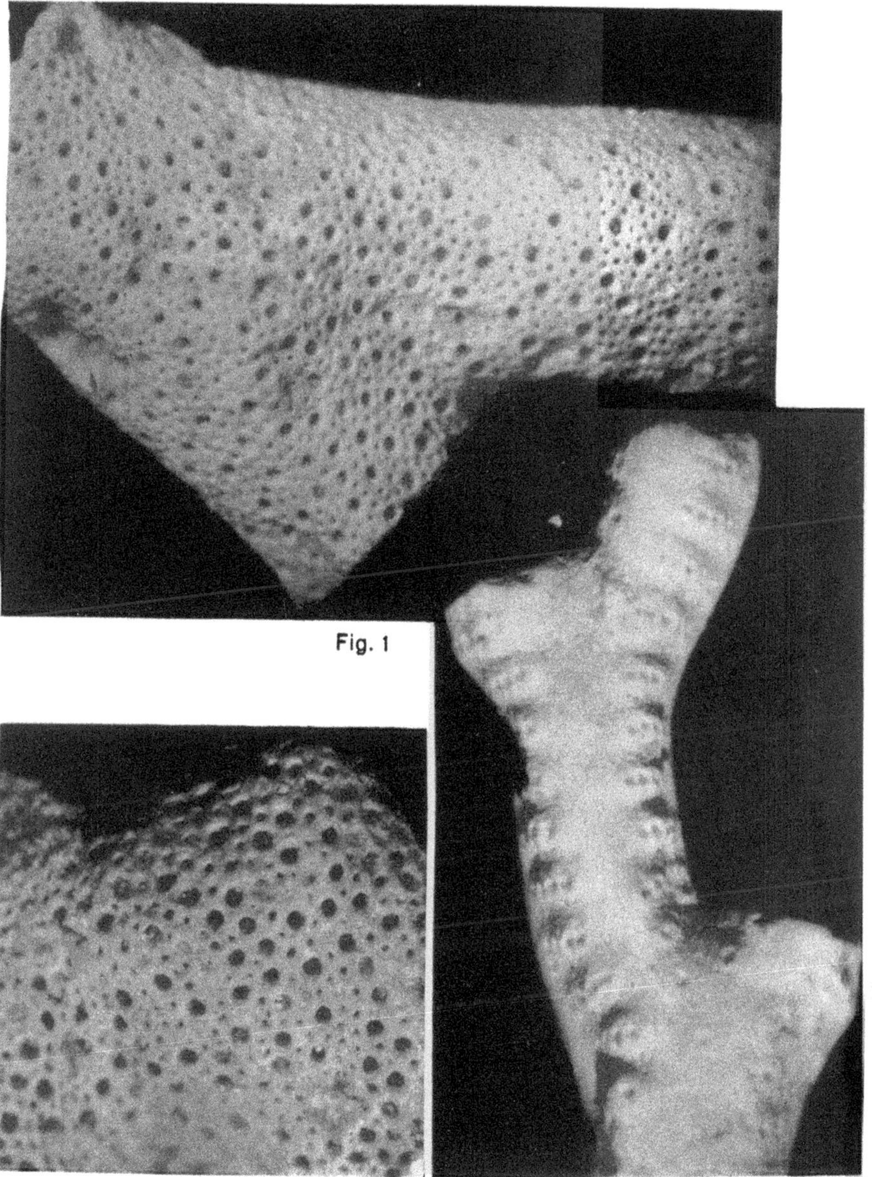

Fig. 1

Fig. 2

Fig. 3

1920 (*T. dichotoma* non Goldfuss, non Reuss) Canu & Bassler, S. 826, Abb. 197 B, 275 A—I.
1929 (*T. dichotoma* non Goldfuss, non Reuss) Cipolla, S. 388, Taf. 41, Fig. 8, 11, 12.
1934 (*T. dichotoma* non Goldfuss, non Reuss) Canu & Lecointre, S. 197, Taf. 38, Fig. 1—14.
1946 (*T. dichotoma* non Goldfuss, non Reuss) Roger & Buge, 1946, 226.
1948 (*T. dichotoma* non Goldfuss, non Reuss) Buge, 74, 80.

Arttypus (Lectotypus, hier bestimmt): das von Canu & Lecointre, Taf. 38, Fig. 2, abgebildete Stück.

Locus typicus: Mirebeau, Helvetium.
Durchmesser der Stämmchen: 16—20 mm,
Durchmesser der Aperturen: 0,09 mm,
Durchmesser der Mesoporen: 0,03 mm,
Zahl der Aperturen auf 1 mm^2: 17,
Zahl der Mesoporen zwischen 4 Aperturen: 7—9.

Die Zoarienform der französischen Art ist nach Canu & Bassler 1920, S. 109, recht variabel, massiv, retikuliert, verzweigt oder zylindrisch, während die österreichische Form stets einfach gegabelt ist. Die Aperturen sind nach denselben Autoren oft radial um ein hypothetisches Zentrum angeordnet, was bei der österreichischen Form niemals vorkommt. Aperturen und Mesoporen sind bei beiden Formen annähernd gleich groß, doch sind die Mesoporen bei der französischen im Verhältnis zu den Aperturen etwas größer, sie sind auch dichter gedrängt, während die Aperturen lockerer stehen. Das Ooecium wurde von Canu & Bassler 1920 (Proc.), S. 109, beschrieben; es ist bei allen 3 Formen gleich. So zeichnet sich eine neue Form ab, die sich vielleicht später als Unterart einer der benachbarten Arten herausstellen mag. Vorläufig kann sie noch nicht an eine derselben angeschlossen werden, da die ägyptische noch zu wenig bekannt ist.

Die Art wurde aus dem Helvet der Touraine und aus dem Rédonien beschrieben; vielleicht gehört ihr auch die Form des ägyptischen Miozäns an.

c) *Tretocycloecia distincta* nov. spec. (Taf. 1, Fig. 2, Taf. 2, Fig. 5).

1925 (*T. dichotoma* non Reuss) Kühn, S. 33.

Arttypus (Holotypus): Das Original zu Taf. 1, Fig. 2. Paläontolog. Institut der Universität Wien, Inv.-Nr. 1546.

Locus typicus: Pillersdorf. Burdigalium.

Diagnose: Aufrechte, dicke, einfach gegabelte Zoarien, Aperturen ungleich verteilt, größer als bei *T. dichotoma* und *helvetica,* Mesoporen ebenfalls ungleich, aber stets spärlich verteilt.

Die neue Art zeichnet sich schon durch ihre sehr gleichmäßige Kolonieform, dicke, stets einfach gegabelte, im Querschnitt kreisrunde Stämmchen, aus. Aperturen und Mesoporen sind ungleich verteilt, manchmal anstoßend, gleich daneben in Entfernungen bis 0,5 mm. Die ersteren sind größer als bei jeder anderen Art der Gattung, die letzteren spärlicher. Immerhin steht sie den mittelmiozänen Arten näher als der *T. chaetetioides* Kühn aus dem Burdigal von Klein-Meiseldorf. Sie scheint ein engbegrenztes Lebensgebiet zu bevorzugen: in einem Raum von etwa 6 cm^3 fanden sich 4 Kolonien (Taf. 2, Fig. 5), sonst keine.

Fundort: Unter-Nalb.

Ceriopora chaetetioides Kühn.

(Taf. 2, Fig. 7).

1925 S. 31, Taf. 2, Fig. 7, Abb. 8—9.

2 Kolonien, von denen eine abgerundete Ansätze einer Verzweigung zeigt. Ihre Durchmesser betragen ungefähr 48 bzw. 29 mm. Sie sind leider auch nicht besser erhalten als der Typus von Grübern, stark mit Sand verkittet und daher zur Gewinnung weiterer Ergebnisse nicht geeignet.

Fundort: Pillersdorf.

Cheilostomata.

Cellaria fistulosa Linné 1758.

(Taf. 2, Fig. 6).

1847 (*C. marginata*) Reuss, S. 59, Taf. 7, Fig. 28—29.
1874 (*Salicornaria farciminoides*) Reuss, S. 143, Taf. 12, Fig. 3—13.
1924 Canu & Bassler, S. 976.
1925 Canu & Bassler, S. 19, Taf. 7, Fig. 1, Ibid. Lit.
1928 (*Salicornaria farciminoides*) Bobies, S. 25.
1946 Roger & Buge, 227.
1947 Buge, 347.

Erklärung zu nebenstehender Tafel 2

Fig. 4. *Reteporidea reussi* Kuehn. Unter-Nalb, Burdigal. 20 × vergr. Fig. 5. *Tretocycloecia distincta* nov. spec. Pillersdorf, Burdigal. Nat. Gr. Fig. 6. *Cellaria fistulosa* L. Unter-Nalb, Burdigal. 20 × vergr. Fig. 7. *Ceriopora chaetetioides Kuehn.* Pillersdorf, Burdigal. Nat. Gr. Fig. 8. *Myriapora truncata* Pallas. Ober-Nalb, Burdigal. Nat. Gr. Fig. 9. *Holoporella polythele* Reuss. Groß-Reisperbach, Burdigal. Nat. Gr. Fig. 10. *Cillia cilliae* nov. spec. Arttypus mit Ovicell. Ober-Nalb, Burdigal. 20 × vergr.

Phot. Fig. 4, 6, 10: H. Schwertner, Firma Bors & Müller, Wien; Phot. Fig. 5, 7, 8, 9: H. Petrak, Naturhistor. Museum, geol.-pal. Abtlg., Wien.

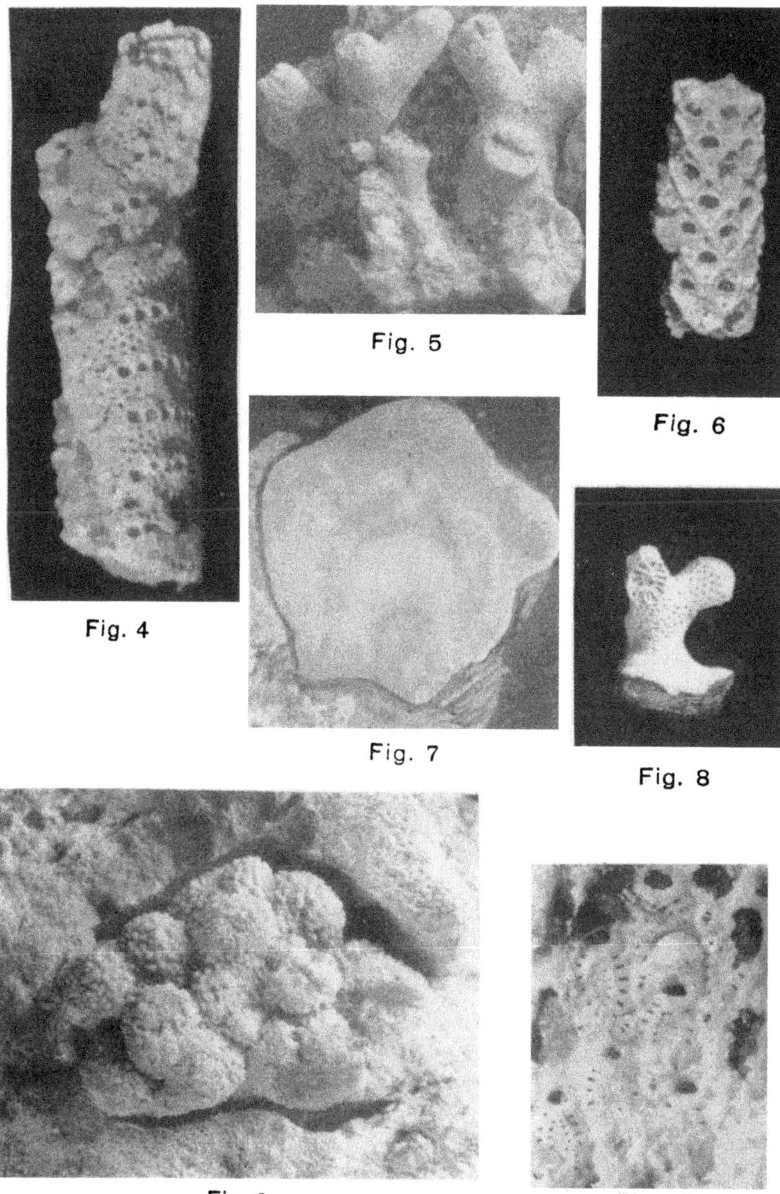

Fig. 4

Fig. 5

Fig. 6

Fig. 7

Fig. 8

Fig. 9

Fig. 10

Glauconome marginata Münster[22] aus dem Oligozän von Astrupp und Doberg, auf die Reuss seine Form ursprünglich bezogen hatte, ist eine ganz andere Form[23]. Später hat Stoliczka unter diesem Namen auch eine Form aus dem Untermiozän von Neuseeland beschrieben[24], die nach D. A. Brown[25] aber identisch mit *Salicornia immersa* Tennison Woods[26] ist. Auch sie hat nichts mit der vorliegenden, vom Oligozän bis zur Gegenwart reichenden Art zu tun.

Auf die stark wechselnde Form infolge des verschiedenen Alters der Glieder und der Fossilisation hat bereits Reuss[27] hingewiesen. Die Art geht niemals tiefer als 200 m, ist kosmopolitisch und zerfällt, wie alle articulierten Formen, nach dem Tode in ihre Segmente, die dann oft weit über ihren ursprünglichen Standort weggeschwemmt werden[28].

Auch aus den Retzer Sanden liegen nur abgerollte Segmente vor, die zudem mit Quarzkörnchen stark verkittet sind. Sie zeigen, ebenso wie die Exemplare Reuss' von Nußdorf, etwas kleinere Zooecien, etwa 0,25—0,33 mm, gegenüber 0,36—0,40 mm bei Canu & Bassler 1925, stimmen aber sonst mit diesen gut überein. Diese zeitlich wie räumlich weitverbreitete Art wird aus dem altösterreichischen Miozän von Reuss außer von Nußdorf noch von Enzersdorf, Steinabrunn, Niederleis, Rausnitz, Wieliczka, Podjarkow, Miechowitz, Zukowce, Lapugy, Eisenstadt, Mörbisch, Rust, Winden, Freibichl, Ehrenhausen angeführt; Canu & Bassler fügen noch Porzteich, Bobies den Rauchstallbrunngraben bei Baden hinzu. Zwei Stücke aus Unter-Nalb sind die ersten des Burdigals.

Cillia nov. gen.

Gattungstypus: *Cillia cilliae* nov. spec.

Diagnose: Rippen breit, kräftig, durch feine strichförmige Intercostalfurchen getrennt, jenseits deren sie zu einem breiten Rücken emporgewölbt sind. Innerhalb des Rückens ein ovaler Ring von punkt- bis kurzstrichförmigen Intercostalporen; der zentrale Teil der Frontalwand flach. Ooecien hyperstomial, groß. Kenozooecien selten. Avicularien unregelmäßig zerstreut, groß, schräg-distal orientiert.

[22] In Goldfuss 1827, S. 100, Taf. 36, Fig. 5.
[23] Vgl. Dartevelle 1952, S. 189.
[24] 1865, S. 150, Taf. 20, Fig. 11—13.
[25] 1952, S. 158.
[26] 1880, S. 27, Abb. 27.
[27] 1874, S. 144.
[28] Canu & Bassler 1925, S. 19.

Die neue cribrimorphe Gattung vereinigt in merkwürdiger Weise primitive und spezialisierte Merkmale und erinnert zunächst mehr an pelmatoporide, als an cribrilinide Formen. Das hyperstomiale Ooecium schließt aber die Pelmatoporiden im Sinne Langs aus; auch Pelmata fehlen, anscheinend auch Aperturaldornen. Offenbar wurde hier derselbe Bautypus von einer anderen Entwicklungsreihe auf andere Weise erreicht. Beziehungen bestehen nur zu Membraniporella; *M. compressa* C. & B. gehört wahrscheinlich, trotz ihrer anderen Zoarienform, unserer Gattung an. Sonst ist *Membraniporella* Smitt 1873 von unserer Gattung durch kräftige Wölbung auch der zentralen Frontalwand und tieferes Hineinreichen der intercostalen Furchen- und Porenreihen unterschieden. Die Verfestigung der Frontalwand ist also bei *Cillia* bereits weiter gediehen, durch Verstärkung und Abflachung des zentralen Teiles und durch Rückzug der Poren- und Furchenzone auf den gewölbten, peripheren Teil. Dies scheint ein Entwicklungsunterschied von generischem Wert zu sein.

Cillia cilliae nov. spec.

(Taf. 2, Fig. 10).

Arttypus: das abgebildete Stück; Paläontolog. Institut der Universität Wien, Inv.-Nr. 1544.

Diagnose: Zoarium inkrustierend, 0,75 mm lang und 0,4 mm breit; 12 gleich breite Rippen von dünnen, strichförmigen Lacunen, auf deren Grund einige wenige, große Poren sitzen und jenseits eines erhöhten Verbindungsrückens durch punkt- bis strichförmige Poren getrennt; der zentrale Teil flach, fein gekörnt.

Das Zoarium inkrustiert auf der Innenseite einer Schale von *Pecten hornensis* D. & R.

Die Zooecien sind elliptisch, 0,75 mm lang und 0,4 mm breit. Die extraterminale Frontalwand ist schmal, zum Teil durch Avicularien verdeckt, die intraterminale Frontalwand ist nur am Rande gewölbt, der zentrale Teil ist eben, fein gekörnt. Sie ist gebildet aus 12 gleich breiten Rippen, getrennt durch schmale, strichförmig aussehende Lacunen, auf deren Grund man stellenweise die wenigen (meist 2) punktförmigen Poren erkennen kann. Jenseits der Lacunen sind die Rippen zu einem Rücken emporgewölbt; innerhalb desselben liegt in Verlängerung der äußeren Lacunen ein Kranz von feineren, punkt- bis kurzstrichförmigen Poren. Der zwischen dem Porenkranz liegende, zentrale Teil der Frontalwand ist flach und läßt, allerdings nur bei besonders günstiger Beleuchtung, eine feine Körnelung erkennen. Die Apertur ist semi-circulär,

0,15 mm breit und 0,075 mm hoch, scheinbar ganz glatt; doch zeigen einige Zooecien kleine, abgerundete Körnchen, die vielleicht Reste von Aperturaldornen sein könnten. Die Aperturalbarre ist breiter als die Rippen, deutlich abgesetzt; sie läßt keine Merkmale ihres ursprünglichen Aufbaues erkennen und trägt keinerlei Vorsprünge nach innen oder außen. Die Ooecien sind hyperstomial, breit gewölbt und glatt, 0,25 mm hoch und 0,35 mm breit, erstrecken sich daher fast über die Hälfte des distalen Zooeciums. Kaenozooecien treten nur selten auf (im Bilde distal-links vom Ooecium), Avicularien sind unregelmäßig verstreut, groß, oval, bis 0,2 × 0,15 mm im Durchmesser, und sind schrägdistal gerichtet.

Die Art zeigt keinerlei Beziehungen zu bekannten, außer zu *Membraniporella compressa* C. & B., die aber durch aufrechte Zoarien und kleinere Zooecien, vielleicht auch durch die gewölbte Zentralzone unterschieden ist.

Sie gleicht ferner, wie mir Herr Hofrat Bobies zeigte, dem Typus, aber nicht der Abbildung von *Lepralia haueri* Reuss; diese unterscheidet sich aber durch stärkere Skulptur der Frontalwand, deutliche Aperturdornen und je ein Aviculoecium an jeder Seite der Apertur.

Locus typicus: Ober-Nalb.

Stratum typicum: Burdigalium.

Holoporella globularis (Bronn) C. & B.

1928 (*Celleporaria g.*) Bobies, S. 25.
1936 Kühn, 263. Ibid. Lit.

Cellepora globularis Bronn[29] bezieht sich auf Münster[30], und beide Abbildungen zeigen, zumindest äußerlich, große Ähnlichkeit mit der Form des Wiener Beckens. Leider ist die Untersuchung der Celleporiden, wie schon Canu & Bassler wiederholt betont haben, sehr schwierig, weil infolge der dünnen Wände nur selten eine wohlerhaltene Oberfläche sichtbar ist und Tangentialschliffe kein einwandfreies Bild ergeben. Doch genügen die Originale Reuss' und Manzonis, die mir vorliegen, zur Identifizierung. Die Zugehörigkeit von Formen, wie sie Reuss 1847, Taf. 9, Fig. 15, abbildet, bezweifle ich allerdings. Die vorliegenden Kolonien zeigen im Bau der Zooecien beträchtliche Unterschiede, sind aber für eine Abbildung zu schlecht erhalten.

[29] Lethaea geognostica, 2. Aufl., 2, S. 877, Taf. 35, Fig. 15 a, b.

[30] *Scyphia cellulosa* in Goldfuss, Petrefacta Germaniae, 1, S. 92, Taf. 33, Fig. 12 a—c, aus dem Tertiär von Astrupp und Kemmedingen.

Reuss beschreibt die Art von Nußdorf, Grinzing, Baden, Eisenstadt, Mörbisch, Kroisbach, Wieliczka, Manzoni fügt noch Gaudenzdorf, Himmelreich, Mailberg, Kalladorf, Steinabrunn, Garschental, Niederleis, Porzteich, Rudelsdorf, Kostel, Lapugy, Dios-Jenö, Bujtur, Miechowitz und Podjarkow hinzu. 1925 lag sie nicht vor, doch wurde sie inzwischen von mir bei Grübern in Menge gefunden.

Auch in dem vorliegenden Material ist *Holoporella globularis* die weitaus häufigste Form. Flach-polsterförmige und kugelige Kolonien, wie sie bei Grübern vorherrschen, fehlen hier fast. Die Kolonien sind vorwiegend länglich, um Algenfäden angelegt, deren Spuren als Hohlräume von bis 3,5 mm Durchmesser verfolgbar und häufig verzweigt sind; namentlich die größeren Kolonien bis 45 mm Höhe und 28 mm Durchmesser zeigen stets diese Verzweigung.

Fundorte: Ober-Nalb, Unter-Nalb und Pillersdorf; häufig, aber durchwegs schlecht erhalten.

Holoporella polythele (Reuss).

1925 Kühn, 29. Ibid. Lit.

Arttypus (hier bestimmt): Reuss' Original 1847, Taf. 9, Fig. 18. Naturhist. Museum, Wien, geol.-pal. Abtlg. Inv.-Nr. 1859-XLV-68 a.

Locus typicus: Bischofswart in Mähren.

Diese Art wurde von Reuss für eine eigenartige Kolonieform, Knollen mit kleinen, warzenförmigen Erhebungen, ähnlich einer Himbeere, aufgestellt. Wenn die Bedeutung der Zoarialform für die Systematik der Bryozoen heute auch allgemein abgelehnt wird, zeigen doch die Abbildungen Manzonis[31], daß es sich auch im Bau der Zooecien um eine von *Holoporella globularis* deutlich verschiedene Art handelt.

Die Kolonieform, vor allem die Ausbildung der warzenförmigen Erhebungen, sind als Standortserscheinungen kaum verständlich, wohl aber, wenn sie vom Gesichtspunkt rascheren Wachstums aus betrachtet werden. Jede einzelne der Erhebungen kann nach allen Seiten ihre Zooecien bilden, so wie die schnellwüchsigen Korallengattungen, etwa *Acropora, Montipora, Pocillopora* oder *Porites* von jeder Verzweigung aus neue Polypare bilden. Sind schon die Holoporellen die schnellstwüchsigen Formen der neogenen und quartären Meere, so ist diese Art sozusagen ein Über-

[31] Manzoni 1877, Taf. 1, Fig. 3 a, b.

Holoporella[32]. Die vorliegenden Kolonien sind mit Durchmesser bis 30 mm durchwegs etwas kleiner als jene von Gauderndorf. Eine Kolonie von 30 mm Durchmesser ist seitlich von einem Kanal durchbohrt, der von der Basis zur Oberseite verläuft; Spuren einer eigenen Wanderung wurden nicht gefunden. Offensichtlich stammt er nicht von der Umwachsung einer Alge durch die Kolonie (wie dies bei *H. globularis* so häufig ist), sondern von einer Bohralge, die das Bryozoon noch zu Lebzeiten befiel, da oben die anschließenden Zooecien eine etwas dichtere Wand haben und radial gegen den Kanal gerichtet sind. Der Durchmesser des Kanals ist mit nur 1 mm viel feiner, als jene, welche *H. globularis* als Basis dienen. An der Basis derselben Kolonie zeigen sich Spuren eines breiten und gedrehten Wurms, auf dem die Kolonie offenbar festgeheftet war; doch ist der untere Teil abgebrochen. Eine andere Kolonie hat einen *Balanus* überwachsen.

Die Art wurde von Reuss aus Bischofswart in Mähren beschrieben, durch Manzoni von Kroisbach, Diosjenö (und San Marino?), ich habe sie von Gauderndorf erwähnt; nun liegt sie von Pillersdorf vor.

Ferner verdanke ich Herrn Steinbruchbesitzer Hans Hattey eine schöne Kolonie von 25 mm Durchmesser und besonders schön ausgeprägten Warzen aus dem Steinbruch vor Groß-Reipersdorf im Pulkautale. Sie ist bemerkenswert, weil sie in einem Abstande von 0,2—1,5 mm von einer anderen Celleporide umwachsen ist (Taf. 2, Fig. 9), deren Kruste von mehreren Bohralgen durchlöchert ist. Diese Kruste ist ganz in organischen Kalk (größtenteils Bruchstücke von Balaniden und Bryozoenstöcken) eingebacken, blieb daher unbestimmbar.

Eine genauere Beschreibung der beiden, bisher als „*Holoporella*“ benannten Formen kann erst gelegentlich der bevorstehenden Revision der tortonen Bryozoenfauna des Wiener Beckens durch C. A. Bobies erfolgen, da sie nur in diesen Schichten halbwegs bestimmbar erhalten sind.

Myriapora truncata Pallas 1766.
(Taf. 2, Fig. 8).

1930 (*Myriozoum truncatum*) Canu & Bassler, S. 83, Taf. 12, Fig. 1—8. Ibid. Lit. Ferner:
1925 Kühn, S. 31.
1933 Canu & Bassler, S. 44.
1952 Lagaaij, S. 150, Taf. 16, Fig. 7.

[32] Eine ganz ähnliche Form ist *Ceriopora tumulifera* Canu & Lecointre, vgl. Buge 1949, Taf. 1, Fig. 3.

Diese innerhalb der alten Welt zeitlich wie räumlich weit verbreitete Art zeigt doch deutliche Standortsmodifikationen. Lagaaij betont, daß seine Stücke aus dem holländischen Pliozän ebenso wie jene von Astrupp nicht zylindrisch, sondern bilamellär und abgeflacht sind. Das trifft nach meiner Untersuchung auch für Reuss' Originale (als *Eschara punctata* bestimmt) von Eisenstadt zu. Dagegen sind die Stücke aus den Retzer Sanden, ebenso wie jene aus den Eggenburger Schichten deutlich zylindrisch.

Rezent geht die Art im Mittelmeer nur bis 100 m Tiefe, im Atlantik noch weniger tief. Eine Larve kann dort eine Kolonie bis 80 mm Höhe und Breite erzeugen. Nach dem Tode zerbricht sie aber trotz scheinbarer Stärke in zahlreiche Fragmente, wie sie im Miozän und Pliozän von Frankreich, Italien und Algerien massenhaft auftreten[33]. Auch in den Eggenburger Schichten waren nur Fragmente, vorwiegend die dicken Endstücke und millimetergroße Bruchstücke vorhanden. Um so auffallender ist bei Ober-Nalb das Auftreten ganzer Kolonien (Taf. 2, Fig. 8), die zwar niedrig und dünn, aber wohlerhalten sind.

Fundort: Ober-Nalb.

III. Stratigraphische Folgerungen.

Die bisherigen Angaben über das Burdigalalter der Retzer Sande waren, wie die Angaben (vgl. S. 231) zeigen, paläontologisch nicht genügend begründet. Von den 10 Bryozoenarten sind zwei neu (*Tretocycloecia distincta* und *Cillia cilliae*), eine ist bisher nur aus dem Burdigal bekannt (*Ceriopora chaetetiodes*), zwei sind aus dem Burdigal bis Torton bekannt (*Holoporella globularis* und *polythele*), eine aus Burdigal bis rezent (*Myriapora truncata*), eine aus dem Oligozän bis rezent (*Cellaria fistulosa*), zwei nur aus dem Torton (*Diaperoecia rugulosa* und *Reteporidea reussi*), eine aus dem Torton und Pliozän (*Hornera striata*). So würde sich also die alte Ansicht bestätigen, daß sich unter Bryozoen Burdigal-, Helvet- und Tortonfaunen nicht unterscheiden lassen. Doch fällt auf, daß die helvetischen Faunen, soweit sie bisher bekannt sind, also vorwiegend jene aus Frankreich, doch deutliche Unterschiede zeigen. Daher mag es vielleicht an der ungenügenden Kenntnis der österreichischen Bryozoenfaunen liegen, wenn eine Trennung und stratigraphische Auswertung bisher nicht möglich war. Der Neuuntersuchung der tortonen durch Hofrat C. A. Bobies, wie neuen Aufsammlungen in den burdigalen Schichten muß daher die Entscheidung überlassen bleiben. Groß und generell werden die Unter-

[33] Canu & Bassler 1925, S. 62; 1933, S. 44.

schiede sicher nicht sein, da es sich um stark faziell gebundene Formen handelt. Schaffer hat ja[34] darauf hingewiesen, daß selbst die weniger faziesgebundenen Mollusken der Eggenburger Schichten mehr jenen des Tortons als des Helvets, weiter jenen von Asti und den rezenten des Roten Meeres gleichen als altersmäßig viel nahestehenderen. Bei noch stärker auf bestimmte Fazien beschränkten Organismen, wie Korallen[35], Bryozoen, Rudisten[36], Cirripediern, geht die Entwicklung, wenn einmal der dem Biotop entsprechende Grundtypus erreicht ist, viel langsamer vor sich, als bei anderen.

IV. Ökologische Folgerungen.

Die beschriebenen Korallen entstammen zwei verschiedenen Biotopen: einem weichen Kalksandstein und einem groben Quarzsand, dessen Körner vereinzelt scharfkantig und bis 7 mm breit sind, die meisten aber entweder wenig gerundet und bis 3 mm breit oder gut gerundet sind und bis 2 mm Durchmesser haben; sie enthalten ferner Glimmerschüppchen bis 1 mm Länge.

Von den Bryozoen entstammen nur *Myriapora truncata* und *Cillia cilliae* dem Kalksandstein. *Cillia* ist eine gebrechliche Form, die sich in grobem Sediment kaum erhalten konnte. Die *Myriapora* liegt in einem überaus seltenen guten Erhaltungszustand vor, da sonst z. B. in den Eggenburger Schichten nur abgebrochene Enden bekannt sind. Auch dies deutet also auf ruhigere Sedimentation während der Entstehung des Kalksandsteins.

Alle anderen Bryozoen stammen aus den Sanden, und zwar *Diaperoecia rugulosa* und *Reteporidea reussi* aus Feinsanden, *Hornera striata, Tretocyclocia distineta, Ceriopera chaetetioides, Cellaria fistulosa* und die Holoporellen aus groben Sanden. Von ihnen verrät jede einzelne den Standort in stark bewegtem Wasser, und zwar jede Möglichkeit, dessen Wirkung zu begegnen. *Hornera* ist eine reticulierte Gattung, *Tretocycloecia* hat besonders dickstämmige, *Ceriopora* knollenförmige Zoarien, *Cellaria* ist eine articulierte Form, *Holoporella globularis* eine durch Anheftung an Algen bewegliche und *H. polythele* wieder eine knollenförmige, dabei aber, ähnlich den Riff-Korallen, besonders schnellwüchsige

[34] Schaffer 1925; Das Miozän von Eggenburg. — Abh. Geol. Bundesanst. **22**, Heft 3, S. 62.

[35] Vgl. etwa die große Ähnlichkeit der burdigalen mit der tortonen Korallenfauna (Kuehn 1925) oder die Tatsache, daß eozäne Korallenarten bis ins Miozän gehen.

[36] Kürzlich (Kuehn in Natur u. Technik, 9, S. 443, Wien 1954) wurde gezeigt, welche geringfügige Entwicklungsschritte bei den Rudisten in etwa 1 Million Jahre erfolgen.

Form. So läßt sich kaum mehr eine weitere Ausbildung erdenken, die geeignet wäre, der seitlichen, zeitlich verschiedenen Wasserbewegung zu begegnen. Spräche nicht bereits das Sediment, so würde die Bryozoenfauna dieses Biotop als im Bereiche starker Wasserbewegung gelegen charakterisieren. Alle Arten sind Seichtwasserformen, die Algen, an denen *Holoporella globularis* anhaftete, konnten nur bis 80 m Tiefe gedeihen. Die Einrichtungen zur Überwindung größerer Wasserbewegung (Gezeiten, Strömungen) lassen aber auf noch geringere Tiefe schließen.

Zusammenfassung.

1. Aus den Retzer Sanden werden 10 Arten beschrieben, davon eine Art und eine Gattung neu.

2. Von den 8 bekannten Arten sind 5 nur oder auch aus dem Burdigal, 7 nur oder auch aus dem Torton bekannt. Dies würde ein falsches Bild von der Altersstellung geben; es beruht aber nur auf der ungenügenden Kenntnis der tertiären Bryozoenfaunen.

3. Die Zoarienformen erwiesen sich als verläßliche Faziesanzeiger. In der Grobsandfauna treten sämtliche Typen der Sicherung gegen stark bewegtes Wasser auf.

4. Die neue Gattung *Cillia* erreicht die Verfestigung der Frontalwand bis zu ähnlicher Form, aber auf anderem Wege wie die Pelmatoporiden.

Der geologisch-paläontologischen Abteilung des Naturhistorischen Museums in Wien, besonders Herrn Dr. F. Bachmayer, danke ich für ihre entgegenkommende Unterstützung bei der Suche nach den Originalen von Reuss und Manzoni. Für die mühevollen photographischen Aufnahmen danke ich den Herren H. Petrak (Naturhistorisches Museum) und H. Schwertner.

Literaturverzeichnis.

Bassler, R. S.: Bryozoa. — Fossilium Catalogus I, pars **67**, 229 S. s'Gravenhage 1935.

Bobies, C. A.: Über bryozoenführende Sedimente im inneralpinen Wiener Becken. — Mitt. Geol. Ges., **21**, 24—34. Wien 1928.

Bronn, H. G.: Lethaea geognostica, **2**, 2. Aufl., 1350 S., 48 Taf. Stuttgart 1837.

Brown, D. A.: The tertiary cheilostomatous Polyzoa of New Zealand. — Brit. Mus. Nat. Hist., 405 S. London 1952.

Buge, E.: Note preliminaire sur les Bryozoaires du Pliocene du Cap Bon (Tunisie). — C. r. Soc. géol. France, 347—348. Paris 1947.

— Les Bryozoaires du Savignéen de Touraine. — Mém. Mus. nat. Hist. nat., N. S. **27**, 63—93, Taf. 5—7. Paris 1948.

— Solution de problèmes bryozoologiques à l'aide des rayons X. — Bull. Mus. nat. hist. nat. (2) **21**, 160—163, Taf. 1. Paris 1949.

Canu, F.: Contribution à l'étude des Bryozoaires fossiles. VI. Tortonien de Baden. — Bull. Soc. géol. France (4) **13**, 125—126. Paris 1913.

Canu, F. & Bassler, R. S.: North American early tertiary Bryozoa. — Bull. U. S. Nat. Mus., **106**, 879 S., 162 Taf. Washington 1920.

— Studies on the cyclostomatous Bryozoa. — Proc. U. S. Nat. Mus., **61**, Art. 22, 160 S., 28 Taf. Washington 1922.

— North American later tertiary Bryozoa. — Bull. U. S. Nat. Mus., **125**, 302 S., 47 Taf. Washington 1923.

— Contribution à l'étude des Bryozoaires d'Autriche et de Hongrie. — Bull. Soc. géol. France (4) **24**, 672—690, Taf. 23—25. Paris 1924.

— Les Bryozoaires du Maroc et de Mauretanie. — Mém. Soc. sci. nat. Maroc, Nr. 10, 80 S., 9 Taf. Rabat 1925.

— Bryozoaires marins de Tunisie. — Ann. Station océanographique, Nr. 5, 91 S., 13 Taf. Salammbo 1930.

— The Bryozoan fauna of the Vincentown limesand. — Bull. U. S. Nat. Mus., **165**, 108 S., 21 Taf. Washington 1933.

Canu, F. & Lecointre, G.: Les Bryozoaires cheilostomes des Faluns de Touraine et d'Anjou. — Mém. Soc. géol. France, N. S. Mém. **4**/1, 1—130, Taf. 1—25. Paris 1925.

— Les Bryozoaires cyclostomes des Faluns de Touraine et d'Anjou. — Mém. Soc. géol. France, N. S. Mém. **4**/2, 131—212, Taf. 26—44. Paris 1934.

Dartevelle, E.: Bryozoaires fossiles de l'Oligocène de l'Allemagne. Palaeont. Z., **26**, 181—204, Stuttgart 1952.

Kühn, Othmar: Die Bryozoen des Miocäns von Eggenburg. — Abh. geol. Bundesanst., **22**/3, 21—39, Taf. 2, Wien 1925.

— Die Korallen und Bryozoen des Tegels von Kreta. — Praktika griech. Akad. Wiss., **11**, 171—181, Taf. 1, Athen 1936.

— Eine miozäne Zwergfauna von Kreta und die Entstehung mariner Zwergfaunen. — Zentralbl. f. Min. usw. B, 255—270. Stuttgart 1936.

Lagaaij, R.: The pliocene Bryozoa of the Low Countries and their bearing on the marine stratigraphy of the North-Sea region. — Mededel. geol. Stichting (C) **5**, 233 S., 26 Taf. Maastricht 1952.

Manzoni, A.: I Briozoi fossili del Miocene d'Austria ed Ungheria. II. Denkschr. Akad. Wiss., math.-nat. Kl., **37**, 49—78, Taf. 1—17. Wien 1877.

— Dasselbe, III. — Ibid. **38**, 1—24, Taf. 1—18. Wien 1877.

Michelin, H.: Iconographie zoophytologique. 348 S., 79 Taf. Paris 1840 bis 1847.

Münster, G. v.: Bryozoa in Goldfuss, A.: Petrefacta Germaniae, **1**, 28—41, Taf. 8—12. Düsseldorf 1827.

Reuss, A. E.: Die fossilen Polyparien des Wiener Tertiärbeckens. — Haidingers naturw. Abh., **2**, 1—109, Taf. 1—11. Wien 1847.

— Die fossilen Bryozoen des österreichisch-ungarischen Miocäns. — Denkschrift Akad. Wiss. math.-nat. Kl., I, **33**, 141—190, Taf. 1—12. Wien 1874.

Roger, J. & Buge, E.: Les Bryozoaires du Rédonien. — Bull. Soc. géol. France (5), **16**, 217—230. Paris 1946.

Stoliczka, F.: Fossile Bryozoen aus dem tertiären Grünsandstein der Orakei-Bay bei Auckland. — Reise der Novara, Geol. Teil, I, 2. Paläontologie, 89—158, Taf. 17—20. Wien 1865.

Suess, E.: Untersuchungen über den Charakter der österreichischen Tertiärablagerungen. I. Über die Gliederung der tertiären Bildungen zwischen dem Manhart, der Donau und dem äußeren Saume des Hochgebirges. — Sitz.-Ber. Akad. Wiss., math.-nat.Kl., I, **54**, 1—66, Taf. 1—2, Wien 1866.

Tenison Woods, J. E.: Corals and Bryozoa of the Neozoic period in New Zealand. — Paleontology of New Zealand, **4**, XVI—34, 3. Taf. Colonial Mus., Geol. Survey Dept. Wellington 1880.

Vetters, H.: Geologisches Gutachten über die Wasserversorgung der Stadt Retz. — Jahrb. geol. Reichsanst., **67**, 461—480, Taf. 18—19. Wien 1918.

Vigneaux, M.: Révision des Bryozoaires néogènes du bassin d'Aquitaine et essai de classification. — Mém. Soc. géol. France, N. S. **28**, Mém. 60, 155 S., 11 Taf., Paris 1949.

Voigt, E.: Morphologische und stratigraphische Untersuchungen über die Bryozoenfauna der oberen Kreide. I. Die cheilostomen Bryozoen der jüngeren Oberkreide in Norddeutschland, im Baltikum und in Holland. — Leopoldina, **6**, 379—579, Taf. 1—39. Leipzig 1930.

Die in den Sitzungsberichten Abtlg. I und Abtlg. II a der math.-nat. Klasse der Österr. Ak. d. Wiss. erscheinenden Abhandlungen werden auch einzeln abgegeben. Sie können durch jede Buchhandlung oder direkt durch die Auslieferungsstelle der Österreichischen Akademie der Wissenschaften (Wien I, Singerstraße 12) bezogen werden.

Nachfolgende Abhandlungen aus dem Fache **Botanik** (Biologie) sind erschienen:

1952 (S I Bd. 161):

Cholnoky B. J. v.: Beobachtungen über die Plasmolyse I. Die protoplasmatische Wirkung von NaCl-, NaOH- und HCl-Gemischen auf Delphinium-Blumenblattzellen (mit 7 Tafeln), 18 Seiten. S 12.90

Höfler K., w. M., und Loub W.: Algenökologische Exkursion ins Hochmoor auf der Gerlosplatte (mit 2 Textabbildungen), 21 Seiten. S 10.70

Kopetzky-Rechtperg O.: Artenliste von Desmidiales aus den österreichischen Alpen (mit 1 Textabbildung), 22 Seiten. S 9.40

Krebs Ingeborg: Beiträge zur Kenntnis des Desmidiaceen-Protoplasten: III. Permeabilität für Nichtleiter (mit 6 Textabbildungen), 37 Seiten. S 23.80

Küster E.: Beobachtungen über die Wirkungen des Ultraschalls auf lebende Pflanzenzellen, 13 Seiten. S 5.—

Luhan Maria: Zur Wurzelanatomie unserer Alpenpflanzen: II. Saxifragaceae und Rosaceae (mit 15 Textabbildungen), 38 Seiten. S 16.70

Stadelmann E.: Zur Messung der Stoffpermeabilität pflanzlicher Protoplasten, II. (mit 5 Textabbildungen), 35 Seiten. S 25.70

Toth-Ziegler Annemarie: Rot fluoreszierende Inhaltskörper bei Leguminosen (mit 22 Textabbildungen), 44 Seiten. S 22.40

Wawrik Friederike: Grundwasserstudie (mit 7 Textabbildungen), 20 Seiten. S 12.50

Wiesner Gertraud: Die Bedeutung der Lichtintensität für die Bildung von Moosgesellschaften im Gebiet von Lunz, 24 Seiten. S 10.80

1953 (S I Bd. 162):

Cholnoky B. J. v.: Beobachtungen über die Plasmolyse II. Zur Protoplasmatik der Staubblatthaarzellen von Tradescantia (mit 31 Textabbildungen). S 11.40

Cholnoky B. J. v., und Schindler H.: Die Diatomeengesellschaften der Ramsauer Torfmoore (mit 41 Textabbildungen). S 15.60

Hirn Ilse: Vitalfärbung von Diatomeen mit basischen Farbstoffen (mit 8 Textabbildungen) S 16.20

Huber Elfriede: Beitrag zur anatomischen Untersuchung der Antheren von Saintpaulia (mit 6 Textabbildungen). S 4.90

Lenk Ingeborg: Über die Plasmapermeabilität einer Spirogyra in verschiedenen Entwicklungsstadien und zu verschiedener Jahreszeit (mit 1 Textabbildung und 1 Tafel). S 20.—

Loub W.: Zur Algenflora der Lungauer Moore (mit 3 Textabbildungen). S 22.90

Wimmer Ch., und Höfler K.: Über die Eigenfluoreszenz lebender, absterbender und toter Florideenzellen (mit 3 Textabbildungen). S 9.60

Diskus A.: Vom Osmoseverhalten halophiler Euglenen vom Neusiedler See (mit 3 Tafeln). S 8.50

1954 (S I Bd. 163):

Kiermayer O.: Die Vakuolen der Desmidiaceen, ihr Verhalten bei Vitalfärbe- und Zentrifugierungsversuchen (mit 23 Textabbildungen), 48 Seiten. S 32.30

Loub W., Url W., Kiermayer O., Diskus A., und Hilmbauer K.: Die Algenzonierung in Mooren des österreichischen Alpengebietes (mit 1 Textabbildung und 3 Tafeln), 48 Seiten. S 26.70

Luhan Maria: Zur Wurzelanatomie unserer Alpenpflanzen III. Gentianaceae (mit 4 Textabbildungen und 1 Tafel), 19 Seiten. S 14.90

Poelt J.: Moosgesellschaften im Alpenvorland I (mit 3 Textabbildungen), 34 Seiten. S 15.10

Poelt J.: Moosgesellschaften im Alpenvorland II (mit 1 Textabbildung), 45 Seiten. S 26.50

Scheidl W.: Auslösung von Vakuolenkontraktion durch undissoziierte Basen (mit 12 Textabbildungen und 15 Diagrammen), 44 Seiten. S 28.—

Schiller J.: Über Cyanophyceen aus kleinen künstlichen Wasserbecken und aus dem Ruster Kanal des Neusiedler Sees (mit 17 Textabbildungen [49 Einzelbilder]), 31 Seiten. S 23.40

GPSR Compliance
The European Union's (EU) General Product Safety Regulation (GPSR) is a set of rules that requires consumer products to be safe and our obligations to ensure this.

If you have any concerns about our products, you can contact us on

ProductSafety@springernature.com

In case Publisher is established outside the EU, the EU authorized representative is:

Springer Nature Customer Service Center GmbH
Europaplatz 3
69115 Heidelberg, Germany

www.ingramcontent.com/pod-product-compliance
Ingram Content Group UK Ltd.
Pitfield, Milton Keynes, MK11 3LW, UK
UKHW021928190726
13853UKWH00002B/917
9783662242025